BEI GRIN MACHT SICH IHR WISSEN BEZAHLT

- Wir veröffentlichen Ihre Hausarbeit,
  Bachelor- und Masterarbeit

- Ihr eigenes eBook und Buch -
  weltweit in allen wichtigen Shops

- Verdienen Sie an jedem Verkauf

Jetzt bei www.GRIN.com hochladen
und kostenlos publizieren

Marie-Louise Victoria Heiling

Die Rheinterrassen im Rheinischen Schiefergebirge

GRIN Verlag

Bibliografische Information der Deutschen Nationalbibliothek:

Die Deutsche Bibliothek verzeichnet diese Publikation in der Deutschen National-
bibliografie; detaillierte bibliografische Daten sind im Internet über http://dnb.d-
nb.de/ abrufbar.

Dieses Werk sowie alle darin enthaltenen einzelnen Beiträge und Abbildungen
sind urheberrechtlich geschützt. Jede Verwertung, die nicht ausdrücklich vom
Urheberrechtsschutz zugelassen ist, bedarf der vorherigen Zustimmung des Verla-
ges. Das gilt insbesondere für Vervielfältigungen, Bearbeitungen, Übersetzungen,
Mikroverfilmungen, Auswertungen durch Datenbanken und für die Einspeicherung
und Verarbeitung in elektronische Systeme. Alle Rechte, auch die des auszugsweisen
Nachdrucks, der fotomechanischen Wiedergabe (einschließlich Mikrokopie) sowie
der Auswertung durch Datenbanken oder ähnliche Einrichtungen, vorbehalten.

Impressum:

Copyright © 2005 GRIN Verlag GmbH
Druck und Bindung: Books on Demand GmbH, Norderstedt Germany
ISBN: 978-3-656-70115-6

Dieses Buch bei GRIN:

http://www.grin.com/de/e-book/37762/die-rheinterrassen-im-rheinischen-schiefer-
gebirge

GRIN - Your knowledge has value

Der GRIN Verlag publiziert seit 1998 wissenschaftliche Arbeiten von Studenten, Hochschullehrern und anderen Akademikern als eBook und gedrucktes Buch. Die Verlagswebsite www.grin.com ist die ideale Plattform zur Veröffentlichung von Hausarbeiten, Abschlussarbeiten, wissenschaftlichen Aufsätzen, Dissertationen und Fachbüchern.

Besuchen Sie uns im Internet:

http://www.grin.com/

http://www.facebook.com/grincom

http://www.twitter.com/grin_com

Universität zu Köln
Seminar für Geographie und ihre Didaktik
Methodenseminar Physisch-geographischer Teil
WS 2004/2005

Die Rheinterrassen im Rheinischen Schiefergebirge

Victoria Heiling
Sek 1 Biologie/ Geographie
4. Semester

1

Inhaltsverzeichnis:

1. Einleitung

Das Rheinische Schiefergebirge wird durch den Mittelrhein in zwei Teile unterteilt, den linksrheinischen und den rechtsrheinischen Teil des Schiefergebirges. Die Form des Schiefergebirges wird oft als „schmetterlingsförmig" bezeichnet. Mit Ardennen, Eifel,Hunsrück, Taunus, Teilen des Saarlandes, Bergischem Land, Westerwald und Sauerland befindet sich das Rheinische Schiefergebirge zum größten Teil in Rheinland-Pfalz, sein gesamter Raum wird durch Hochflächen und tief eingeschnittene Täler geprägt.

Abb.1: Rheinisches Schiefergebirge

Die Flüsse Rhein, Mosel, Lahn und Nahe gliedern das Gebiet rund um das Rheinische Schiefergebirge, das überwiegend aus paläozoischen Grauwacken, Quarziten und Tonschiefern besteht.

3

Das Rheinische Schiefergebirge hat es mit seinen Talhängen zu den berühmtesten Weinanbaugebieten in Deutschlands geschafft und durch den Wärmenergie speichernden Schiefer ist es ein günstiger Standort zum Anbau von nicht einheimischen Pflanzen.

In meiner Hausarbeit möchte ich näher auf die Geschichte des Rheins, des Rheinischen Schiefergebirges und der Entstehung der Rheinterrassen eingehen. Mein Hauptaugenmerk möchte ich jedoch auf die Rheinterrassen legen und nach Erläuterung ihrer Genese zusammenfassend einen Ausblick mit der zukünftigen Entwicklung schaffen.

1.1. Die Geschichte des Rheins

Der Rhein entstand vor ca. 30 Millionen Jahren, er ist 1320 km lang und hat 42 Zuflüsse, durch tektonische Vorgänge wurde der Rhein oftmals in seiner Entstehungsgeschichte verlagert. Er ist der größte deutsche Strom und es gilt auf ihm „Verkehrsfreiheit" für alle Staaten. Der Vorderrhein entspringt in der Schweiz im Tumasee und vereinigt sich mit dem Hinterrhein bei Reichenau zum Alpenrhein. Bei Lichtenstein mündet er in den Bodensee und verlässt ihn als Seerhein.

Der Hochrhein bildet bei Basel die deutsch-schweizerische Grenze und fließt nördlich von Basel in den Oberrhein. Bei Bingen durchbricht der Mittelrhein das Rheinische Schiefer-gebirge und wird ab Bonn zum Niederrhein. Von dort aus strömt er in die Niederlande bis er schließlich in die Nordsee mündet.

Abb. 2 Rheinverlauf

1.3 Zeitliche Einordnung der Entstehung des Rheinischen Schiefergebirges

Das Rheinische Schiefergebirge lässt sich in das Zeitalter des Paläozoikums einordnen. Es erhielt seinen Faltenbau in der variszischen Gebirgsbildungsphase, die sich in der Periode von Devon, Karbon und Perm vollzog. Dies lässt sich aus in der Formationstabelle Abb.3 entnehmen.

Formationstabelle:

Mio. J. vor heute	Zeit-alter	System (Formation)	Abteilung		geotektonische Entwicklung
—2,4—	Känozoikum	Quartär	Holozän Pleistozän	Alpidische Faltungsära	schwacher Vulkanismus
—65—		Tertiär	Pliozän Miozän Oligozän Eozän Paleozän		zunehmende Geokratie, im Pliozän Umrisse der Festländer den heutigen ähnlich, **kräftiger Vulkanismus**
	Mesozoikum	Kreide	**Obere Kreide**		vorwiegend thalassokrate Zeit, weltweite Transgressionen (Cenoman, Senon), Zerfall des Gondwanakontinents beendet
—136—			**Untere Kreide**		
		Jura	**Malm** **Dogger** **Lias**		schwacher Vulkanismus, aber starker Plutonismus in den amerikanischen Kordilleren
—190—		Trias	**Keuper** **Muschelkalk** **Buntsandstein**		Vulkanismus in den Geosynklinalen, große Basaltergüsse in Nordamerika, Afrika und Sibirien, Geokratie
—225—	Paläozoikum	Perm	**Zechstein** **Rotliegendes**	Variskische Faltungsära	lebhafter Vulkanismus und Geokratie im Rotliegenden
—280—		Karbon	**Oberkarbon** **Unterkarbon**		**kräftiger Plutonismus,** schwächerer Vulkanismus
—345—		Devon	**Oberdevon** **Mitteldevon** **Unterdevon**		Vulkanismus vor allem in den Geosynklinalen, thalassokrate Zeit mit mehreren Transgressionen
—395—		**Silur**		**Kaledonische**	kräftiger Vulkanismus und Plutonismus
—435—		**Ordovizium**		**Faltungsära**	Vulkanismus in Geosynklinalen
—500—		**Kambrium**		**Assyntische Orogenese**	
—570—	**Algonkium (Proterozoikum)**			**mehrere Orogenesen**	
⌐3000	**Archaikum (Azoikum)**				

Abb.3 Formationstabelle

Die Schichten wurden während der Gebirgsbildung im ausgehenden Karbon gefaltet und geschiefert, und in einzelnen großen Stapeln zu Schuppen übereinander geschoben, bis sie schließlich zu einem Gebirge herausgehoben wurden. In Abb. 4 sind die Grundzüge der

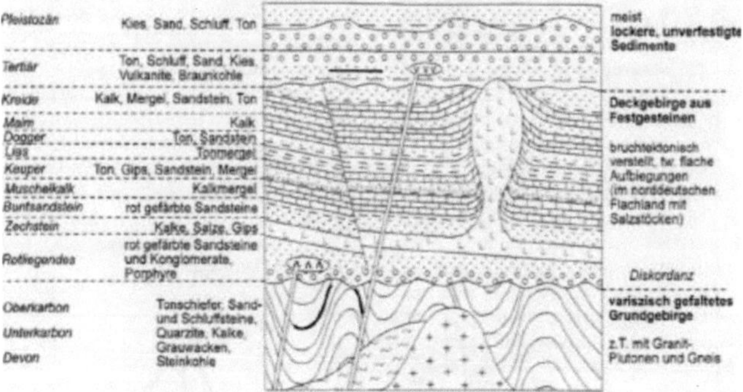

Abb. 4 Tektonische Stockwerkgliederung und typische Gesteine in Mitteleuropa nördlich der Alpen

varizischen Faltenbildung gezeigt. Der Tabelle können auch die gebirgsbildenden Gesteinsarten des Rheinischen Schiefergebirges entnommen werden.

2.   Das Rheinische Schiefergebirge

2.1 Entstehung des Rheinischen Schiefergebirges

Das Rheinische Schiefergebirge entstammt, wie bereits oben erwähnt, dem zwischen Devon und Karbon aufgefalteten variszischen Gebirges (s. Abb.4) des Paläozoikums. Der Untergrund besteht aus den weitflächig verbreiteten devonischen und karbonischen Gesteinen, welche im anschließenden Perm wieder vollständig abgetragen wurden.

In der Teritärzeit, am Ende des Pliozäns, hob sich das Rheinische Schiefergebirge als Scholle heraus. Die Hebung steigerte sich im Altpleistozän und erreichte während der Elstereiszeit und der Holsteinwarmzeit ihren Höhepunkt.

Durch die Abfolge von Kalt und Warmzeiten kam es zur Bildung von Flussterrassen, Moränenzügen sowie Löß- und Flugsanddecken. In den Kaltzeiten wurden erhebliche Mengen an Sedimenten akkumuliert und wechselte dann, nach abklingen der Kaltzeit, zu einer linienhaften Erosion über. Durch die Hebungen wurde es für den Rhein möglich sich verstärkt in die Sedimentmassen einzuschneiden, und so bilden die ehemaligen Akkumulationsflächen heute die in unterschiedlichen Höhen gelegenen Rheinterrassen.

2.2 Durchbruchstal

Ein Durchbruchstal kann durch verschieden Faktoren entstehen.

1) Antezedenz
2) Epigenese
3) rückschreitende Erosion

Bei dem Rheinischen Schiefergebirge handelt es sich um eine antezedenztes Durchbruchstal. Antezedenz bedeutet, dass sich das Gebirge erst gehoben hatte als der Rhein schon mit seinem Flussbett existierte. Der Vorgang der Antezedenz ist auf die größeren Flüsse beschränkt, weil ein Fluss genug Erosionskraft aufbringen muss, um gleichzeitig Hebung und Tiefenerosion kompensieren zu können.

3.   Die Rheinterrassen

3.1   Terrassendefinition

Terrassendefinit ion nach AHNERT: „ Eine Terrasse ist eine Verebnung in einem Hang, begrenzt nach oben und unten durch steile Böschungen. Flussterrassen sind Reste ehemaliger Talböden, die nach weiterer Eintiefung des Tals am Hang zurückblieben." (Ahnert 2003, S.242)

3.2   Klimabedingungen

Die Klimaschwankungen haben, neben der Tektonik, gerade bei der Terrassenbildung eine
bedeutende Rolle gespielt.
Kaltzeiten – Glazialzeit:
In der Kaltzeit wurde das Wasser in Form von Eis gebunden. Dadurch hatte der Rhein eine
geringere Fließgeschwindigkeit und es kam zu Ablagerungen im Flussbett.
Warmzeit-Interglazialzeit:
In der Warmzeit wurde die Fließgeschwindigkeit durch das freiwerdende Wasser, erhöht und der
Fluss konnte das abgelagerte Geröll langsam wieder ausräumen.

Durch den häufigen Wechsel von Glazial- zu Interglazialzeiten und den damit verbundenen
Klimaveränderungen, kam es immer wieder zu Aufschotterung und Einschneidung des Rheins.
So kam es zur langsamen Entstehung der Rheinterrassen.

3.3   Entstehung der Rheinterrassen

Terrassen werden häufig durch fluviale Sedimente aufgebaut. Man geht davon aus, dass
Terrassen auf Resten von Talböden entstanden sind. Die Entwicklung von Flussterrassen ist
abhängig von der Abwechslung der Erosion und Sedimentation.
„Sie zeigen an, dass während der Talentwicklung die Tiefenerosion einer Phase der
Seitenerosion oder der Aufschüttung unterbrochen wurde" (Ahnert 2003, S. 242)
Die einzelnen Eintiefung- und Akkumulationsphasen werden in der folgenden Abb. dargestellt.
Hier wird die Entstehung von drei Flussterrassen durch den Wechsel von Tiefenerosion und
Akkumulation gezeigt.

Phase A: nach der 1.Eintiefung- und Akkumulationsphase
Phase B: nach der 2.Eintiefung- und Akkumulationsphase
Phase C: nach der 3.Eintiefungsphase
Phase D: nach der letzten kaltzeitlichen 4.Akkumulationsphase und der Ablagerung von
Auenlehmen; schwarz: Torf in einem verlandeten Altarm.

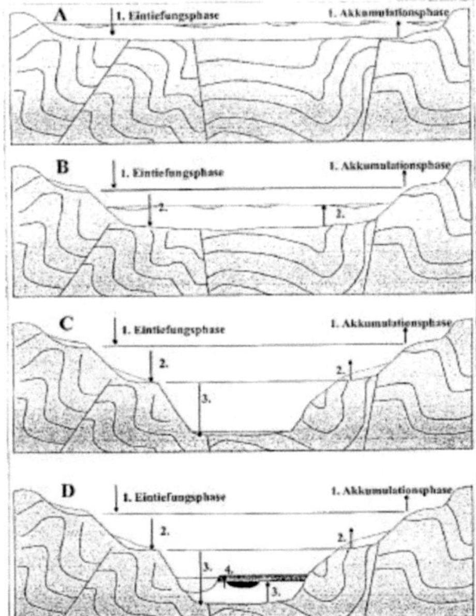

Abb. 5 Entstehung von drei Flussterrassen

In Abb. 6 ist die Entwicklung der Flussterrassen, im Talquerschnitt, schematisch dargestellt. Beide Entwicklungsphasen sind getrennt gezeichnet. Flussterrassen werden in Felssohlenterrassen und Aufschüttungsterrassen unterschieden. Jedoch wie in Abb. 6 dargestellt, unterscheidet sich die Profilform nicht.

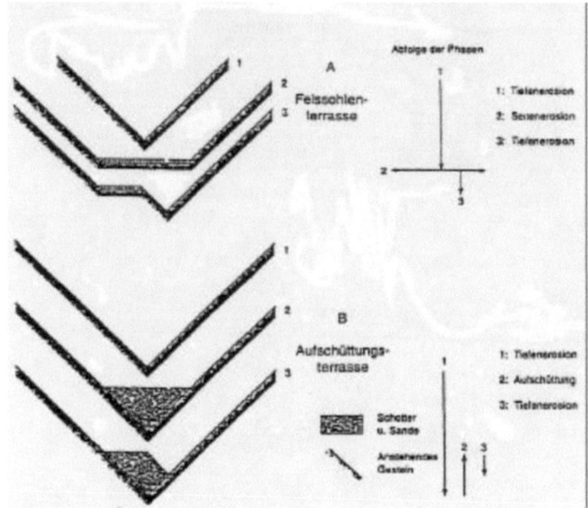

Abb. 6 Entwicklung von Flussterrassen - A Felssohlenterrassen- B Aufschüttungsterrassen

Die vier wichtigsten Prozesse zur Terrassenbildung sind:

1) **Wechsel von Warm- und Kaltzeiten**, dies führt zu Akkumulation und Erosion und zur Ausprägungen der Terrassen ? *Klimaschwankungen*

2) **Tektonische Bewegungen**, die einen Anstieg bewirken und somit die Höhenlage der Terrassen beeinflussen? *Tektonische Hebung*

3) **Veränderung des Meeresspiegels**, das Fallen eines Meeresspiegels hat die Tiefenerosion zur Folge ? *Eustatische Veränderung*

4) **Anzapfung**, ein Fluss mit relativ hoher Erosionsbasis wird von einem tiefer liegenden Fluss angezapft ? Es kommt zu einer niedrigeren Erosionsbasis

Der Rhein behielt in den wechselnden Prozessen seine ungefähre Höhenlage bei, weil er, als die Hebung des Gebirges stattfand, mit der gleichen Geschwindigkeit erodierte.

Nach einer Periode ruhigeren Fließens schnitt sich der Rhein mit den zunehmenden Wassermassen der abschmelzenden Gletscher, zum Ende der vorherrschenden Kaltzeit, immer wieder in sein eigenes Flussbett ein und erodierte in die Breite. In den Ruhepausen der Eintiefung konnten die Haupt, Mittel- und Niederterrasse des Rheins entstehen. Die gebildeten Höhen-, Haupt- und Mittelterrassen gehören zu den Felssohlenterrassen, auch die Niederterrasse ist am

Abb. 7 Terrassen des Mittelrheintals

oHöT, mHöT, uHöT ? obere, mittlere und untere Höhenterrasse
aHT,jHT,ujHT ? ältere, jüngere und untere Hauptterrasse
oMT,mMT,uMt ? obere mittlere und untere Mittelterrasse
oNt,uNT ? obere und untere Niederterrasse

oberen Mittelrhein eine Felssohlenterrasse. Sie verändert sich jedoch stromabwärts durch ineinandergeschachtelte Schotterkörner zu einer Aufschüttungsterasse; das hängt mit der nicht

11

gleichmäßigen Hebung zusammen, die in diesem Abschnitt geringer gewesen sein muss. So kam es zu einer geringeren Fliessgeschwindigkeit des Rheins und die Gerölle lagerten sich ab, wodurch der Talboden aufgeschüttet wurde.

In Abb. 7 sind die verschiedenen Terrassenniveaus gut zu erkennen.

Die pleistozänen Terrassen beginnen zunächst mit der Höhenterrasse, die sich etwa in einer Höhe von etwa 200-230 m über dem Fluss befindet.

Die Hauptterrasse beginnt ab einem Höhenniveau von 130– 200 m über dem Fluss. Die jünger Hauptterrasse bildet mit ihrer Unterkante den oberen Rand des Engtals. Dieser Rand ist besonders zwischen Bingen und Koblenz stark ausgeprägt.

Die Mittelterrasse befindet sich, wie auch auf Abb. 7 zu erkennen ist, auf einer Höhe von etwa 30 – 130 m und ist eine Verflachung im Hang des Engtals.

Die Niederterrasse wird heute meist zu Steckenverläufen der Bahn oder der Uferstrasse genutzt und ist an den Niederterrassenzonen oft, durch Nebenflüsse, verbreitert worden. Sie befinden sich auf einer Höhe von 0- 30 m über dem Fluss.

3.4   Altersbestimmung der Rheinterrasse

Bei der Altersbestimmung geht man davon aus, dass die höchsten Terrassen die ältesten und die niedrigsten Terrassen die jüngsten sind. Die Hauptterrassen im Engtal sind beispielweise besser erhalten als die darunter liegende jüngeren Mittelterrasse, weil diese durch stärkere Einscheidungsvorgänge intensiver abgetragen wurde. Deshalb müssen wir bei der Altersbestimmung auf andere Methoden zurückgreifen.

Hier gibt es verschiedenen Möglichkeiten

Auf grund des unterschiedlichen Schottermaterials z.B. der Quarzanteil, das an den Rheinterrassen abgelagert worden ist, kann das jeweilige Alter durch die Analyse von fluvialen Sedimenten durch die Stratigraphie bestimmt werden. Diese Methode ermöglicht, wie auch die Pollenanalyse, eine relative Datierung. Die genauste Datierung kann jedoch am besten durch die C 14- Methode erfolgen. Hierbei wird das Zerfallalter von radioaktivem Kohlenstoff in einer Probe aus dem Schotterkörper z.B. Holzkörper festgestellt.

4. Ausblick

Die Alterbestimmung der Terrassen macht es möglich, auch den vertikalen Abstand zweier Terrassenniveaus absolut zu datieren und durch eustatische Flussterrassen die Veränderung des Meeresspiegels zu interpretieren. Dies macht es möglich, alle Daten miteinander in Beziehung zu setzen und die zukünftige Entwicklung der Rheinterrassen besser vorhersehbar zu machen.
Es kommt zwischen Duisburg und Nimwegen durch die vorherrschende Senkungstendenz im norddeutschen und niederländischen Tiefland zu einer Terrassenkreuzung. Dies hat für die Haupt- und Mittelterrassen ein Abtauchen unterhalb des Flussspiegels zu Folge. Das heißt, dass die Terrassen als geomorphologisches Gebilde verschwinden.

5. Literaturverzeichnis

Ahnert, H. (2003): Einführung in die Geomorphologie. Stuttgart.

Bartels, G. (2003): Skript SS 2003

Grunert, J. : Das Mittelrheintal. Exkursionsführer Universität Bonn

Press, F. & **Siever**, R. (2003): Allgemeine Geologie. Heidelberg, Berlin.

Zepp, H. (2004): Geomorphologie. Paderborn.

Verwendete Websites:

http://www.oreich.de/Lage%20und%20Entstehung.pdf

www.susanne-schwaab.de/Geologie/geologie.html

Verwendete Abbilung:

Abb. 1 DierckeWeltatlas (1978), S.48

Abb. 2 Website: www.erlebnis-oberrhein.de/ oberrhein.html

Abb. 3 Bartels, G.(2003) S. 64, Formationstabelle

Abb. 4 Zepp, H. (2004) S. 51 Geomorphologie. Paderborn.

Abb. 5 Bartels, G.(2003) S.105 Skript SS 2003

Abb. 6 Ahnert, F. (2003), S. 242 Einführung in die Geomorphologie. Stuttgart.

Abb.7 Ahnert, F. (2003), S. 247 Einführung in die Geomorphologie. Stuttgart.